输电线路防外力破坏警示标牌标准化手册

国网安徽省电力有限公司设备管理部　组编

中国电力出版社
CHINA ELECTRIC POWER PRESS

内 容 提 要

为规范电力设施保护区作业行为，指导电力设施保护区内及临近电力设施安全作业，保证电力设施和人民群众生命财产安全，国网安徽省电力有限公司设备管理部组织编写了《输电线路防外力破坏警示标牌标准化手册》。本书主要内容包括架空输电线路防外力破坏警示牌分类统计表，防外力破坏警示牌、桩等效果图，防外力破坏警示牌、桩等加工图和二维码内容，基本涵盖电力设施保护区内可能出现的所有作业种类，由国网安徽省电力有限公司设备管理部及部分地市公司等单位编写。

本书适用于输电线路运维管理人员使用，也可作为各级电力设施保护工作人员的参考用书。

图书在版编目（CIP）数据

输电线路防外力破坏警示标牌标准化手册 / 国网安徽省电力有限公司设备管理部组编 . —北京：中国电力出版社 , 2019.1（2019.5 重印）

ISBN 978-7-5198-2953-7

Ⅰ . ①输… Ⅱ . ①国… Ⅲ . ①输电线路－标志－设备管理－标准化－手册 Ⅳ . ① TM726-65

中国版本图书馆 CIP 数据核字 (2019) 第 025056 号

出版发行：中国电力出版社
地　　址：北京市东城区北京站西街 19 号（邮政编码 100005）
网　　址：http://www.cepp.sgcc.com.cn
责任编辑：岳　璐（010-63412339）
责任校对：黄　蓓　闫秀英
装帧设计：左　铭
责任印制：石　雷

印　　刷：北京盛通印刷股份有限公司
版　　次：2019 年 1 月第一版
印　　次：2019 年 5 月北京第二次印刷
开　　本：710 毫米 ×1000 毫米　16 开本
印　　张：5.25
字　　数：68 千字
印　　数：3001—6000 册
定　　价：45.00 元

《输电线路防外力破坏警示标牌标准化手册》

编　委　会

前言

随着社会经济的持续发展和城市化水平的不断提高，电力设施所处的外部环境不断恶化，电力设施保护区内各类施工作业频繁发生，电力设施遭受外力破坏风险日益突出，严重威胁着电网安全。发生电力设施外力破坏故障不仅会给电力企业造成重大的经济损失，还会严重威胁作业人员和生产设施安全，影响电力设施周边民众生产生活，甚至可能造成人身伤亡事故。为规范电力设施保护区作业行为，指导电力设施保护区内及临近电力设施安全作业，保证电力设施和人民群众生命财产安全，国网安徽省电力有限公司设备管理部组织编写了《输电线路防外力破坏警示标牌标准化手册》。本书主要内容包括架空输电线路防外力破坏警示牌分类统计表，防外力破坏警示牌、桩等效果图，防外力破坏警示牌、桩等加工图和二维码内容，基本涵盖电力设施保护区内可能出现的所有作业种类，由国网安徽省电力有限公司设备管理部及部分地市公司等单位编写。

由于编写人员水平有限，书中难免存在不妥或疏漏之处，恳请广大读者批评指正。

编　者

2018年11月

目　录

1 适用范围

本手册用于国网安徽省电力有限公司110kV及以上交直流架空输电线路，35kV架空输电线路可参照执行。

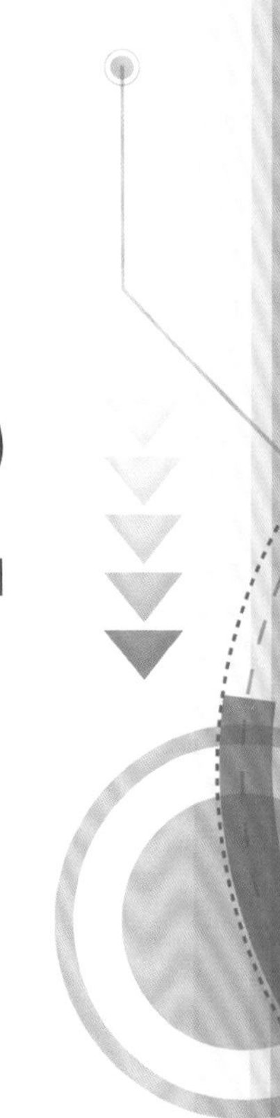

2

架空输电线路防外力破坏警示牌分类统计表

架空输电线路防外力破坏警示牌分类统计表

序号	类型	具体分类	警示牌内容
1	建设施工类	禁止施工作业	架空电力线路通道下方及周边区域，严禁起重吊车、塔吊、打桩机、钻探机、挖掘机、推土机、水泥泵车、水泥灌浆车等擅自施工作业，严禁修建道路桥梁、拆除建筑物、平整场地、开挖（鱼塘、沟渠）等擅自建设活动，杜绝发生人身触电、损害损毁电力设施安全事件。 请依法申请办理电力行政许可，并采取安全防护措施
		隔离警示桩	
		示高杆	
2	爆破类	禁止爆破作业	未经政府主管部门行政许可，严禁在电力设施周围500m的区域内进行爆破作业。 根据《安徽省电力设施和电能保护条例》第十二条第二款之规定：在电力设施周围500m的区域内进行爆破作业的，应当依照国务院《民用爆炸物品安全管理条例》等有关规定，经爆破作业所在地设区的市人民政府公安机关批准后实施。 杜绝发生人身触电、损害损毁电力设施安全事件
3	防垂钓类	禁止垂钓	在架空电力线路通道及其周边区域严禁钓鱼、竖竿通行，保障人身、电力安全
		禁止钓鱼隔离围栏	高压危险 禁止钓鱼

续表

序号	类型	具体分类	警示牌内容
4	防放风筝异物类	禁止放风筝	禁止在架空电力线路导线两侧各300m的区域内放风筝，任何单位和个人不得向架空电力线路抛掷物体，不得向电力设施射击
		严防异物	架空电力线路通道及周边区域严禁堆放、丢弃广告布、遮阳网、塑料薄膜、彩带、宣传标语等易漂浮物，保障人身、电力安全
5	高层抛物类	禁止抛物	禁止向架空电力线路方向抛掷任何物件。 保障人身安全。 保障电力安全
6	房障树障类	禁止建筑	严禁任何单位和个人在架空电力线路保护区内兴建建筑物、构筑物。 本架空电力线路电压等级为____kV，保护区：导线边线两侧各向外延伸____m。 保障人身安全，保障电力安全
		禁止植树	架空电力线路通道下方及周边区域，严禁种植树竹等植物，严禁机械车辆吊装种植、移栽等活动，杜绝发生人身触电、损害损毁电力设施安全事件，保障人身、电力安全
7	防烟火类	禁止焚烧	架空电力线路通道及周边区域禁止燃放烟花爆竹、祭祀烧纸、烧秸秆、烧荒、烧窑、烧垃圾等焚烧、烟熏活动危及电力设施安全

续表

序号	类型	具体分类	警示牌内容
8	堆放、填埋铺垫类	禁止堆放危险品	架空电力线路通道及周边区域，严禁堆放易燃易爆物品、酸碱盐及其他有害化学物品，保障人身、电力安全
		禁止填埋铺垫	架空电力线路通道及周边区域严禁垫高路面、抬升堤坝，堆放土石、矿渣、垃圾、谷物、干草等导致高压电线对地距离减少的填埋、铺垫，保障人身、电力安全
9	限高通行类	严禁超高超宽通行	禁止车辆机械超高超宽通行。 禁止行人竖竿（杆）穿越通行。 保障人身、电力安全
		通行限高架	高压危险 注意距离
10	电力电缆类	下有电缆，禁止开挖	未经电力行政许可并采取安全防护措施，架空电力电缆线路通道及周边区域，严禁动土施工、堆放物件、倾倒化学物品、兴建建筑物和构筑物、种植树木竹子，杜绝发生人身触电、损害损毁电力设施安全事件
		电力电缆隔离护栏	

3

防外力破坏警示牌、桩等效果图

3.1 建设施工类

1.禁止施工作业效果图

电力警示牌

高压危险　禁止施工作业

架空电力线路通道下方及周边区域，严禁起重吊车、塔车、打桩机、钻探机、挖掘机、推土机、水泥泵车、水泥灌浆车等擅自施工作业，严禁修建道路桥梁、拆除建筑物、平整场地、开挖（鱼塘、沟渠）等擅自建设活动，杜绝发生人身触电、损害损毁电力设施安全事件。

请依法申请办理电力行政许可，并采取安全防护措施。

设备主人：XXX

联系电话：XXX

国网XX供电公司宣

▸▸ 2.隔离警示桩效果图

▶▶ 3.示高杆效果图

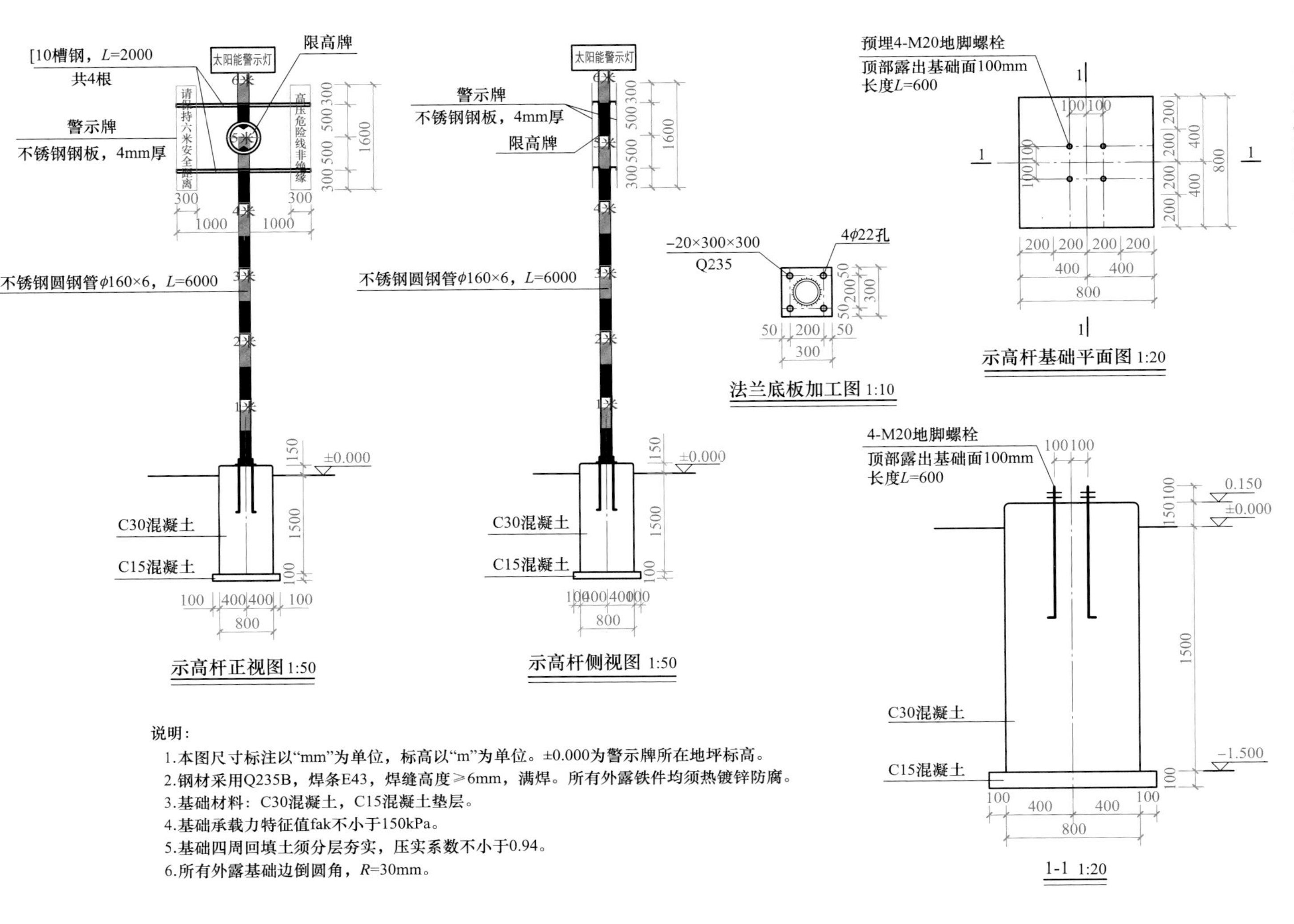

说明：

1.本图尺寸标注以“mm”为单位，标高以“m”为单位。±0.000为警示牌所在地坪标高。

2.钢材采用Q235B，焊条E43，焊缝高度≥6mm，满焊。所有外露铁件均须热镀锌防腐。

3.基础材料：C30混凝土，C15混凝土垫层。

4.基础承载力特征值fak不小于150kPa。

5.基础四周回填土须分层夯实，压实系数不小于0.94。

6.所有外露基础边倒圆角，R=30mm。

3.2 爆破类

▸▸ 禁止爆破作业效果图

电力警示牌

高压危险　禁止施工作业

未经政府主管部门行政许可，严禁在电力设施周围500米的区域内进行爆破作业。

根据《安徽省电力设施和电能保护条例》第十二条第二款之规定：在电力设施周围500米的区域内进行爆破作业的，应当依照国务院《民用爆炸物品安全管理条例》的有关规定，经爆破作业所在地设区的市人民政府公安机关批准后实施。

杜绝发生人身触电、损害损毁电力设施安全事件。

设备主人：XXX

联系电话：XXX

国网XX供电公司宣

3.3 防垂钓类

1.禁止垂钓效果图

▶▶ 2.禁止钓鱼隔离围栏效果图

3.4 防放风筝异物类

1.禁止放风筝效果图

▸▸ 2.严防异物效果图

电力警示牌
高压危险　禁止放风筝
禁止在电力线路导线两侧各300米的区域内放风筝，任何单位和个人不得向电力线路抛掷物体，不得向电力设施射击。
设备主人：XXX
联系电话：XXX
国网XX供电公司宣

3.5 高层抛物类

▸▸ 禁止抛物效果图

3.6 房障树障类

1.禁止建筑效果图

2.禁止植树效果图

电力警示牌
高压危险　禁止植树
架空电力线路通道下方及周边区域，严禁种植树竹等植物，严禁机械车辆吊装种植、移栽等活动，杜绝发生人身触电、损害损毁电力设施安全事件，保障人身、电力安全。
设备主人：XXX
联系电话：XXX
国网XX供电公司宣

3.7 防烟火类

▶▶ 禁止焚烧效果图

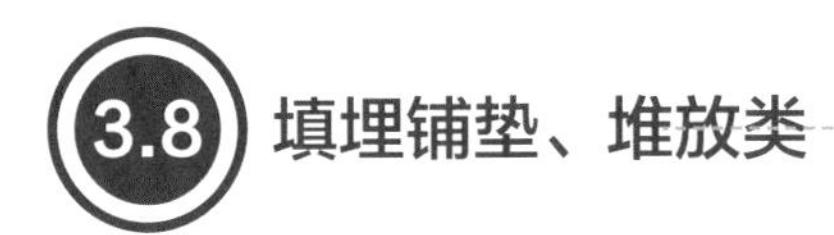

3.8 填埋铺垫、堆放类

1.禁止填埋铺垫效果图

▶▶ 2.禁止堆放危险品效果图

3.9 限高通行类

1.严禁超高超宽通行效果图

▶▶ 2.通行限高架效果图

3.10 电力电缆类

下有电缆，禁止开挖效果图

电力警示牌

下有电缆　禁止开挖

未经电力行政许可并采取安全防护措施电力电缆线路通道及周边区域，严禁动土施工、堆放物件、倾倒化学物品、兴建建筑物和构筑物、种植树木竹子，杜绝发生人身触电、损害损毁电力设施安全事件。

设备主人：XXX
联系电话：XXX

国网XX供电公司宣

▸▸ 1.电力电缆隔离护栏效果图一

▸▸ 2.电力电缆隔离护栏效果图二

4

防外力破坏警示牌、桩等加工图

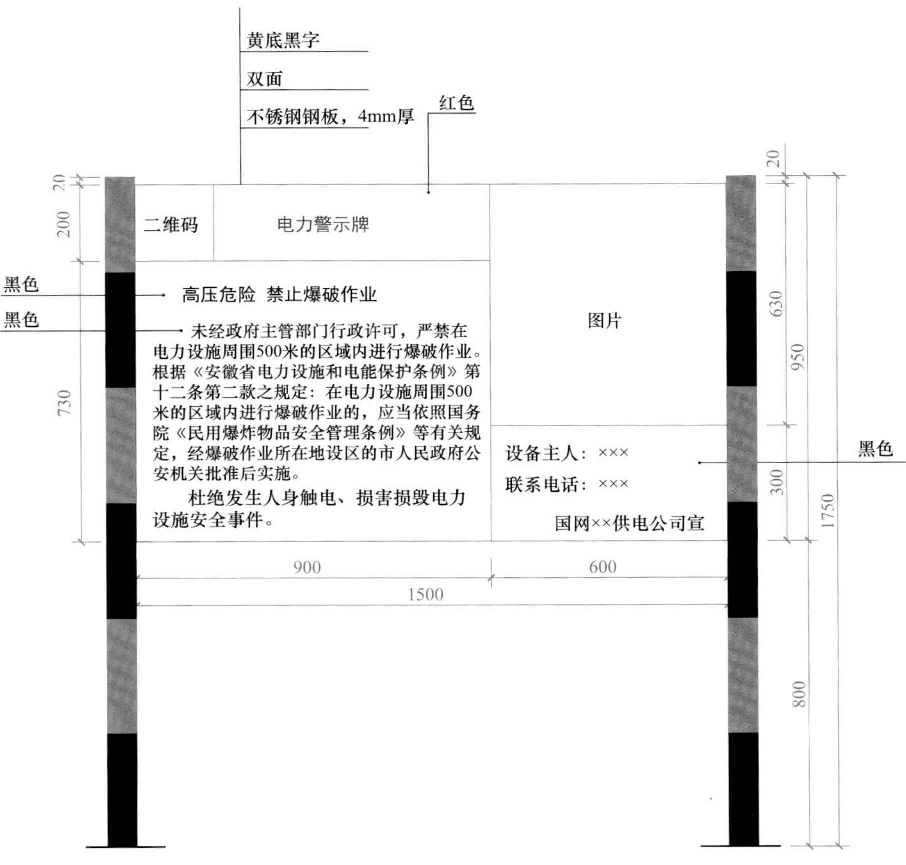

警示牌面板加工图 1:10

4.2 警示牌加工图二

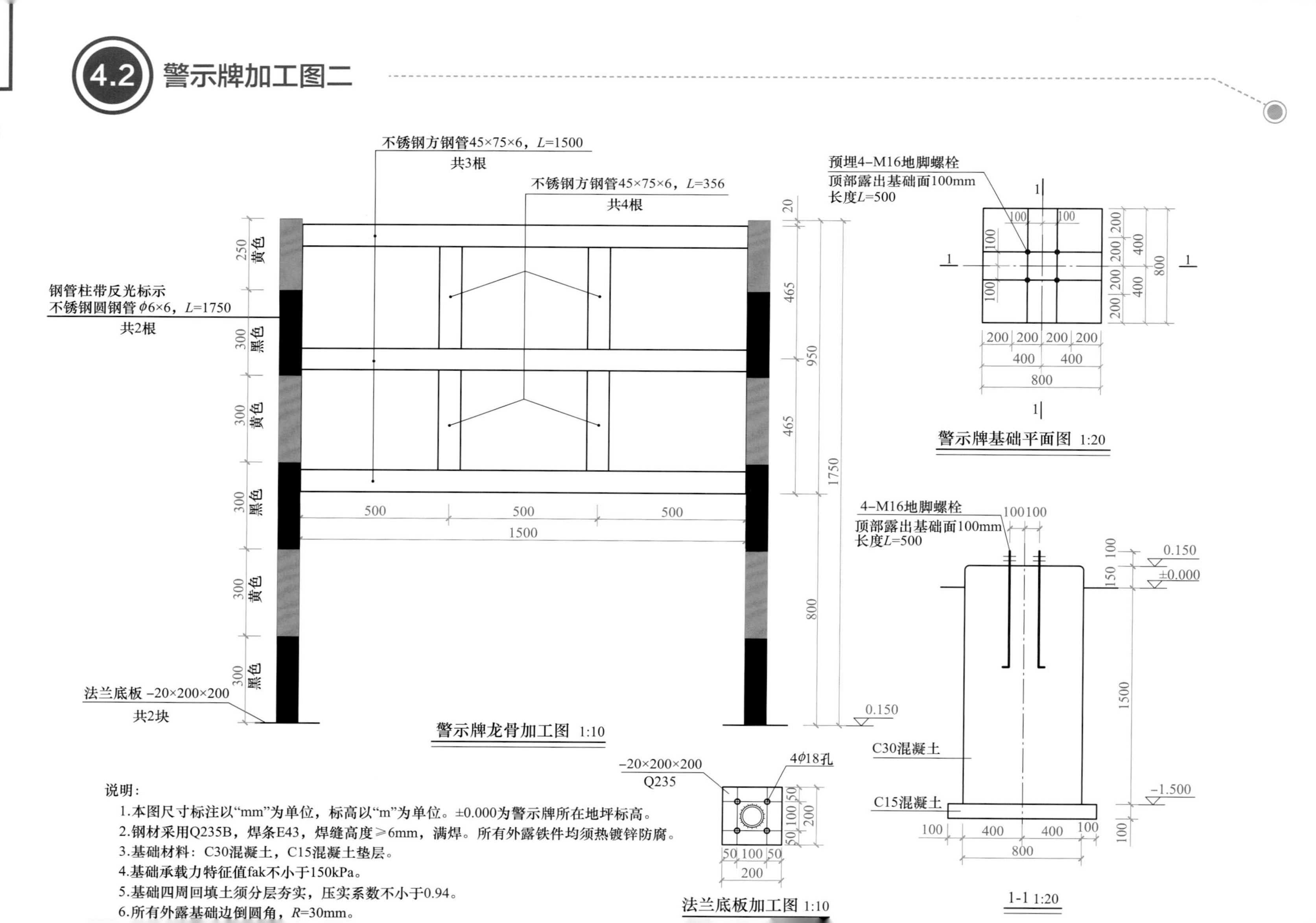

说明:

1. 本图尺寸标注以“mm”为单位，标高以“m”为单位。±0.000为警示牌所在地坪标高。
2. 钢材采用Q235B，焊条E43，焊缝高度≥6mm，满焊。所有外露铁件均须热镀锌防腐。
3. 基础材料：C30混凝土，C15混凝土垫层。
4. 基础承载力特征值fak不小于150kPa。
5. 基础四周回填土须分层夯实，压实系数不小于0.94。
6. 所有外露基础边倒圆角，R=30mm。

4.3 限高架加工图

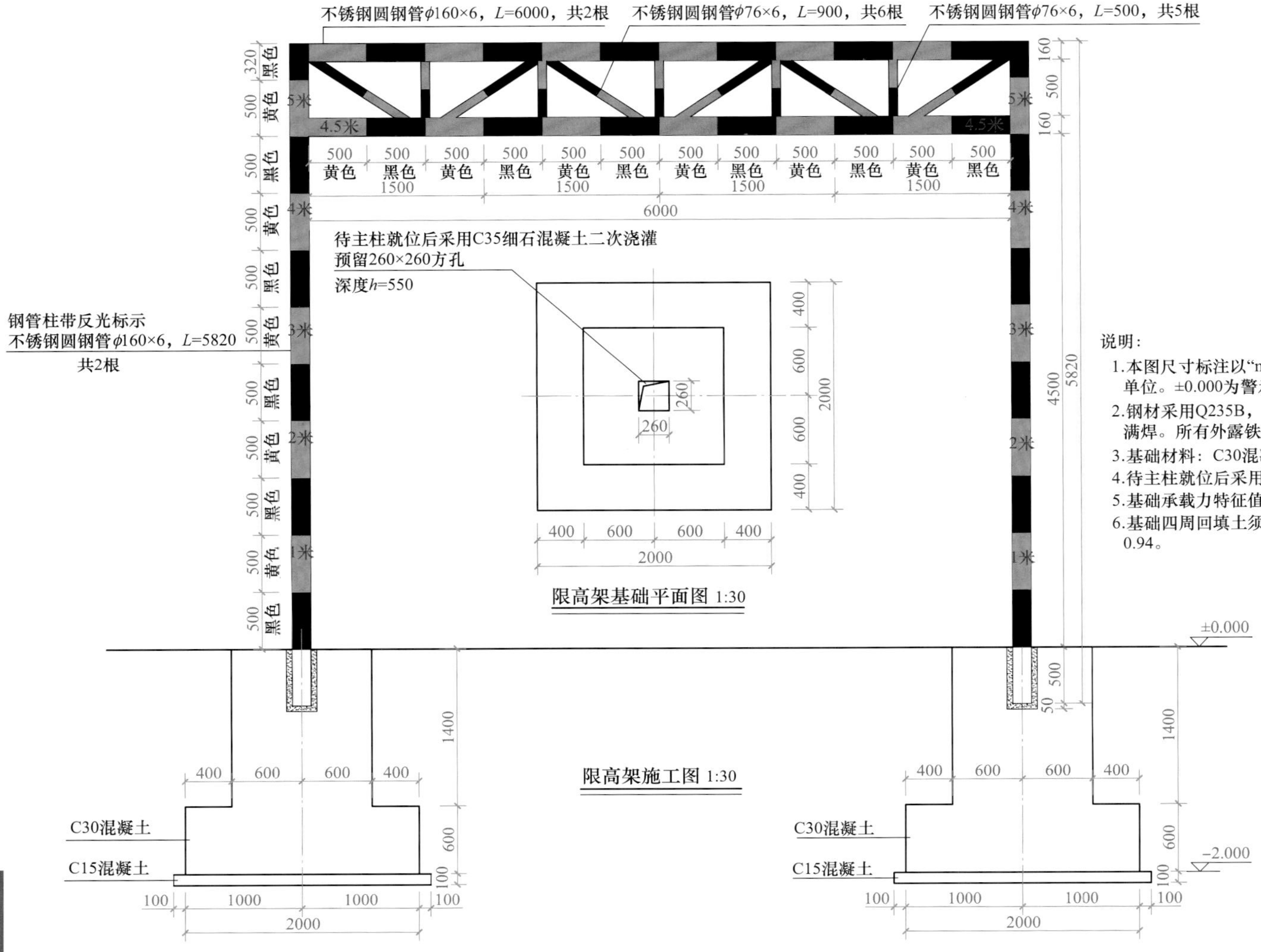

限高架基础平面图 1:30

限高架施工图 1:30

说明：

1. 本图尺寸标注以“mm”为单位，标高以“m”为单位。±0.000为警示牌所在地坪标高。
2. 钢材采用Q235B，焊条E43，焊缝高度≥6mm，满焊。所有外露铁件均须热镀锌防腐。
3. 基础材料：C30混凝土，C15混凝土垫层。
4. 待主柱就位后采用C35细石混凝土二次浇灌。
5. 基础承载力特征值fak不小于150kPa。
6. 基础四周回填土须分层夯实，压实系数不小于0.94。

4.4 禁止钓鱼隔离围栏加工图

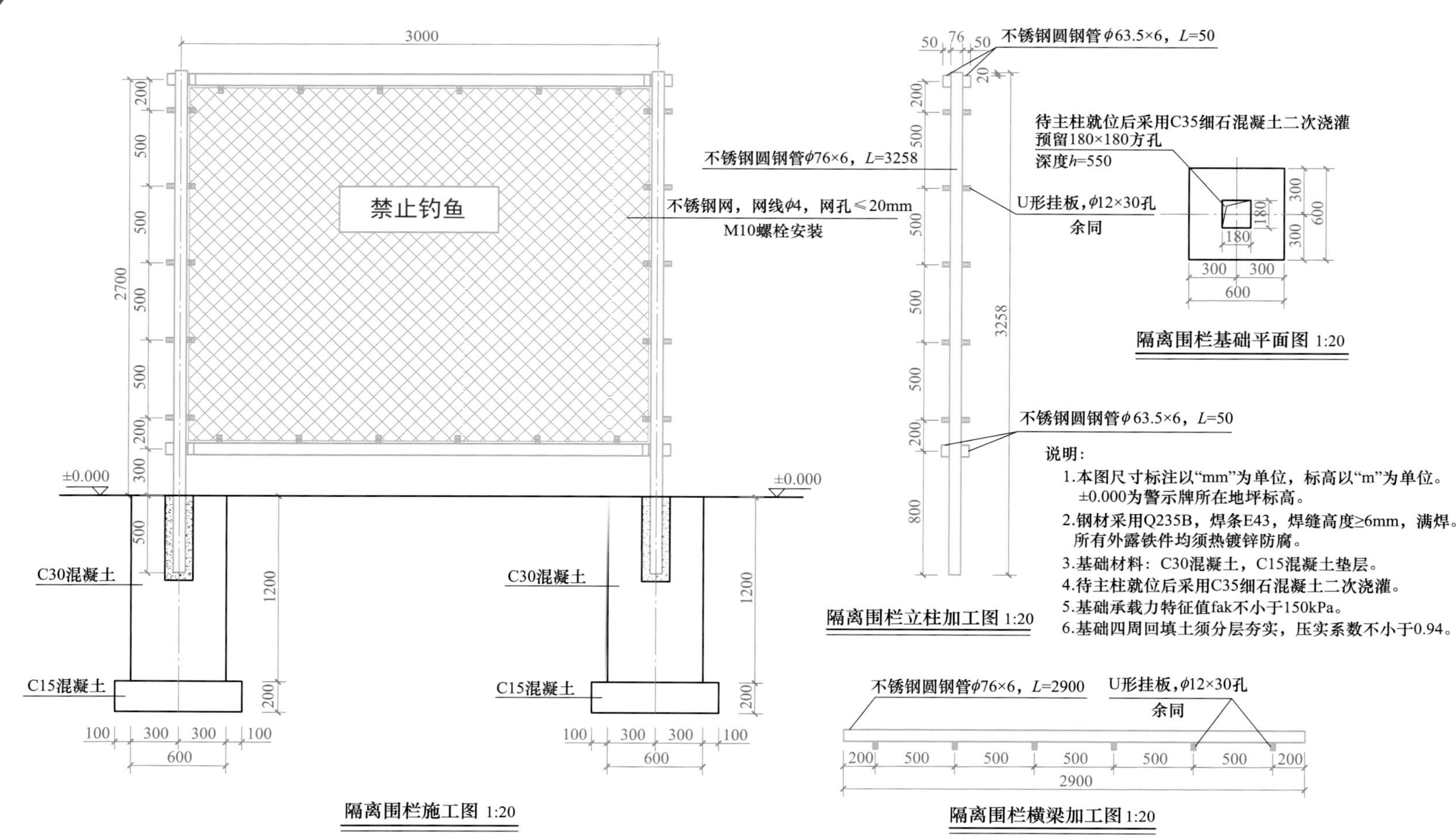

说明：

1. 本图尺寸标注以“mm”为单位，标高以“m”为单位。±0.000为警示牌所在地坪标高。
2. 钢材采用Q235B，焊条E43，焊缝高度≥6mm，满焊。所有外露铁件均须热镀锌防腐。
3. 基础材料：C30混凝土，C15混凝土垫层。
4. 待主柱就位后采用C35细石混凝土二次浇灌。
5. 基础承载力特征值fak不小于150kPa。
6. 基础四周回填土须分层夯实，压实系数不小于0.94。

4.5 示高杆加工图

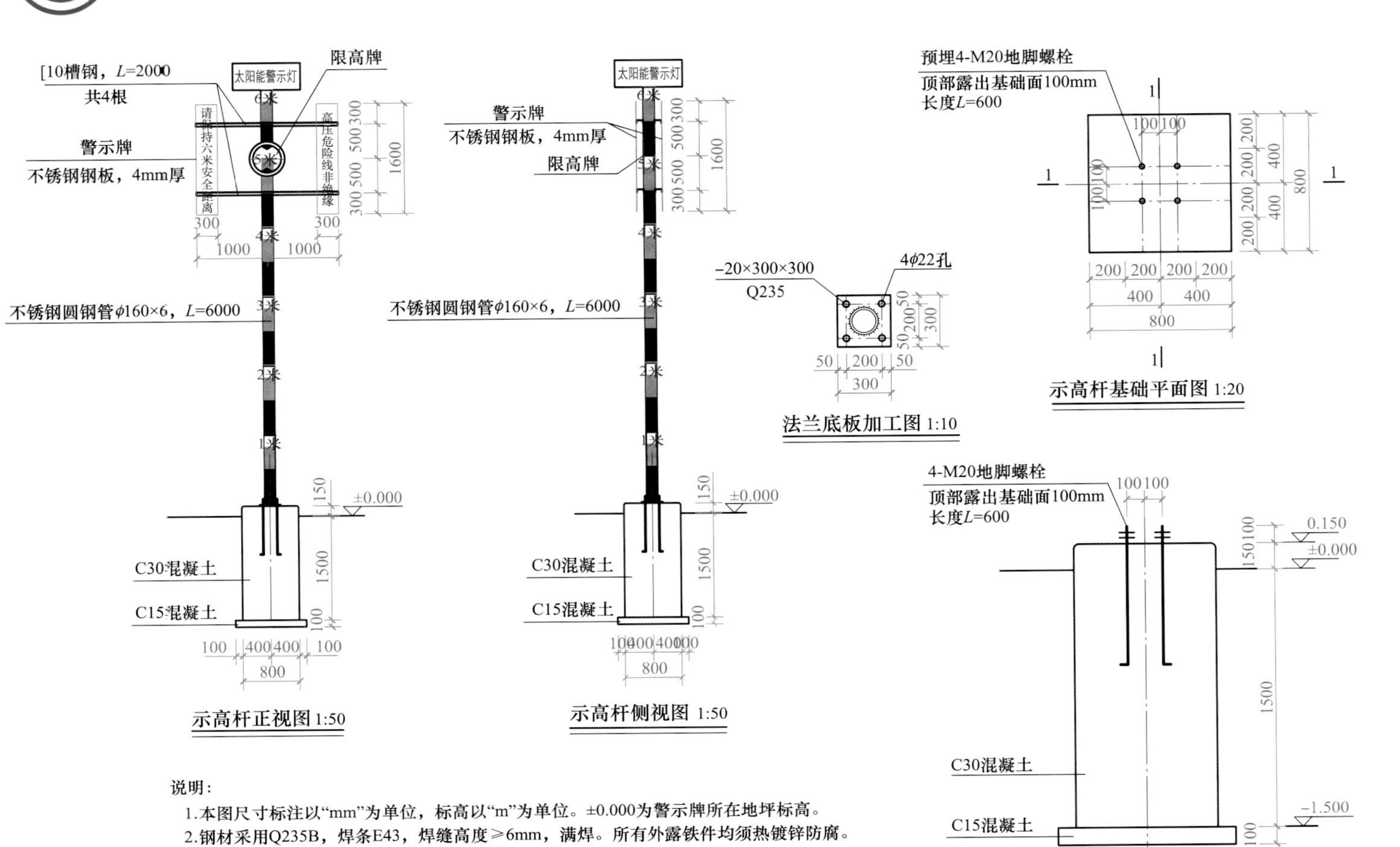

说明：

1.本图尺寸标注以“mm”为单位，标高以“m”为单位。±0.000为警示牌所在地坪标高。

2.钢材采用Q235B，焊条E43，焊缝高度≥6mm，满焊。所有外露铁件均须热镀锌防腐。

3.基础材料：C30混凝土，C15混凝土垫层。

4.基础承载力特征值fak不小于150kPa。

5.基础四周回填土须分层夯实，压实系数不小于0.94。

6.所有外露基础边倒圆角，R=30mm。

4.6 隔离桩加工图

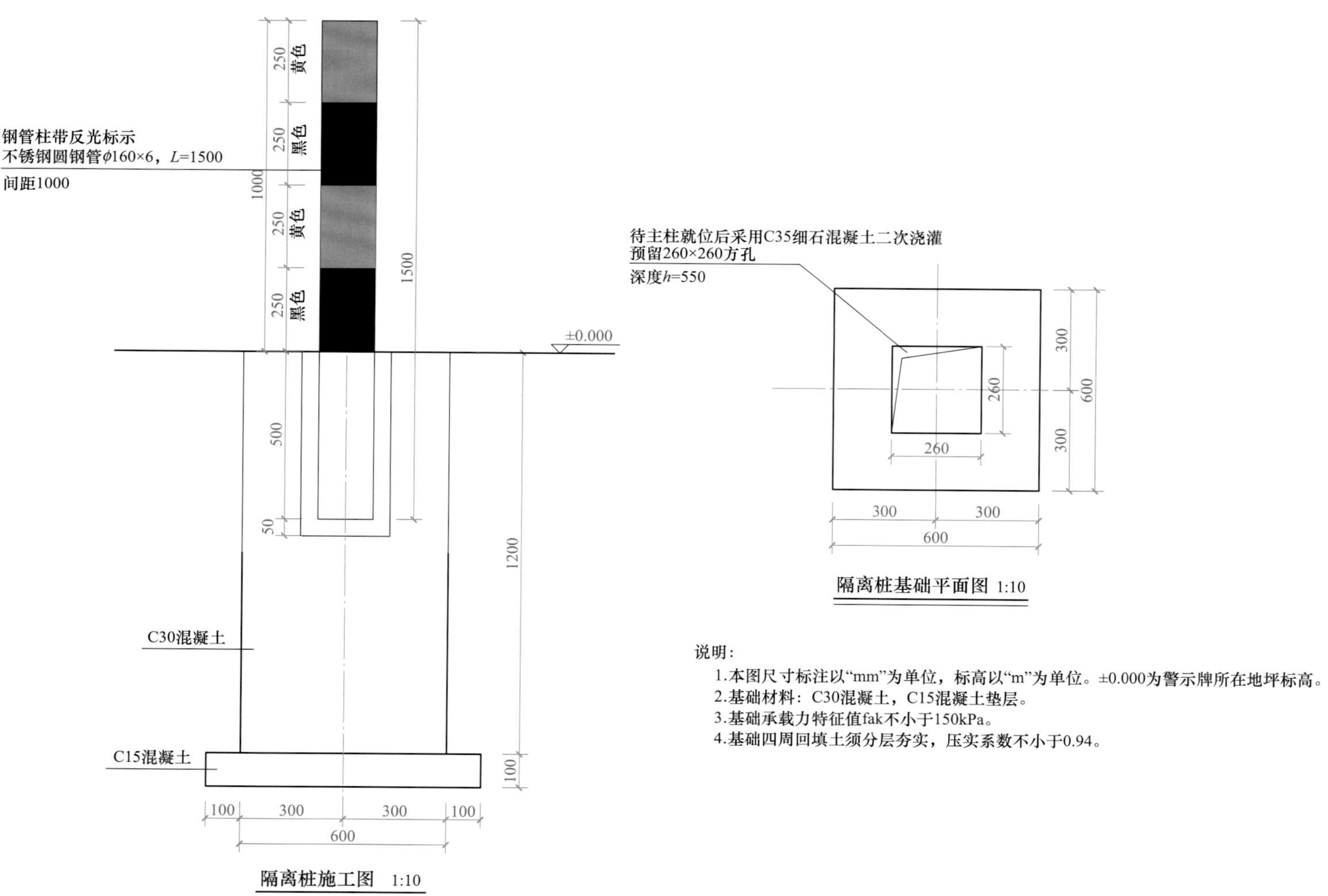

隔离桩施工图 1:10

隔离桩基础平面图 1:10

说明：

1.本图尺寸标注以“mm”为单位，标高以“m”为单位。±0.000为警示牌所在地坪标高。
2.基础材料：C30混凝土，C15混凝土垫层。
3.基础承载力特征值fak不小于150kPa。
4.基础四周回填土须分层夯实，压实系数不小于0.94。

4.7 电缆隔离围栏加工图

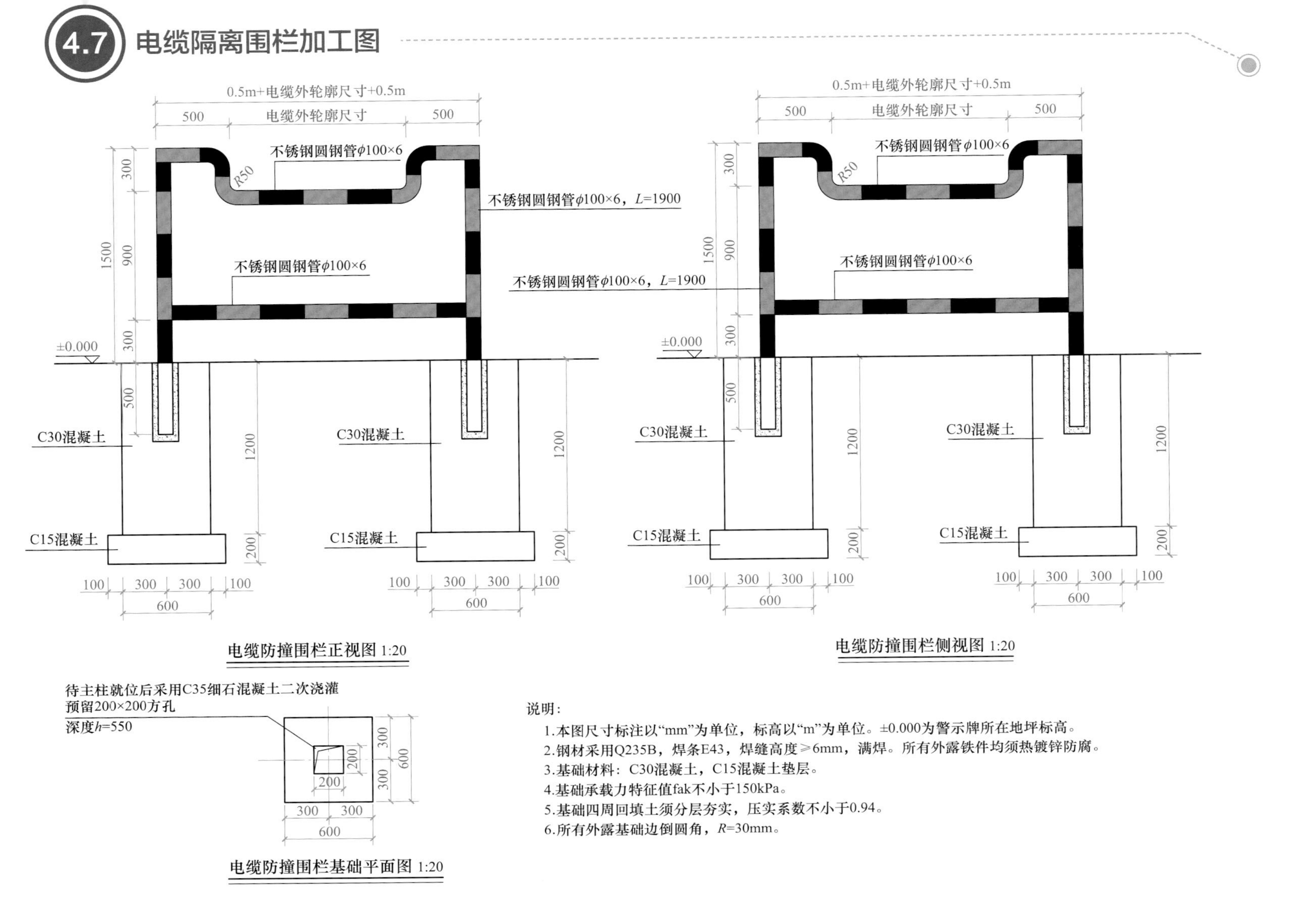

电缆防撞围栏正视图 1:20

电缆防撞围栏侧视图 1:20

电缆防撞围栏基础平面图 1:20

说明：

1. 本图尺寸标注以“mm”为单位，标高以“m”为单位。±0.000为警示牌所在地坪标高。
2. 钢材采用Q235B，焊条E43，焊缝高度≥6mm，满焊。所有外露铁件均须热镀锌防腐。
3. 基础材料：C30混凝土，C15混凝土垫层。
4. 基础承载力特征值fak不小于150kPa。
5. 基础四周回填土须分层夯实，压实系数不小于0.94。
6. 所有外露基础边倒圆角，R=30mm。

5

二维码内容

5.1 建设施工类

1.禁止在高压电力线路附近施工

电力设施受国家法律保护，禁止任何单位或个人从事危害电力设施的行为。任何单位和个人都有保护电力设施的义务，对危害电力设施的行为，有权制止并向电力管理部门、公安部门报告。

全国人民代表大会《中华人民共和国电力法》第五十二条规定：任何单位和个人不得危害发电设施、变电设施和电力线路设施及其有关辅助设施。

在电力设施周围进行爆破及其他可能危及电力设施安全的作业的，应当按照国务院有关电力设施保护的规定，经批准并采取确保电力设施安全的措施后，方可进行作业。

全国人民代表大会《中华人民共和国建筑法》(2011修正)第四十二条规定：有下列情形之一的，建设单位应当按照国家有关规定办理申请批准手续：

（一）需要临时占用规划批准范围以外场地的；

（二）可能损坏道路、管线、电力、邮电通讯等公共设施的；

（三）需要临时停水、停电、中断道路交通的；

（四）需要进行爆破作业的；

（五）法律、法规规定需要办理报批手续的其他情形。

全国人民代表大会《中华人民共和国电力法》第五十四条规定：任何单位和个人需要在依法划定的电力设施保护区内进行可能危及电力设施安全的作业时，应当经电力管理部门批准并采取安全措施后，方可进行作业。

中华人民共和国国务院《电力设施保护条例》第十七条规定：任何单位或个人必须经县级以上地方电力管理部门批准，并采取安全措施后，方可进行下列作业或活动：

（一）在架空电力线路保护区内进行农田水利基本建设工程及打桩、钻探、开挖等作业；

（二）起重机械的任何部位进入架空电力线路保护区进行施工；

（三）小于导线距穿越物体之间的安全距离，通过架空电力线路保护区；

（四）在电力电缆线路保护区内进行作业。

安徽省人民代表大会《安徽省电力设施和电能保护条例》第十二条第一款规定：任何单位和个人需要在电力设施保护区内进行可能危及电力设施安全的作业时，应当经电力行政主管部门批准并采取安全措施后，方可进行作业。

中华人民共和国国务院《电力设施保护条例》第十条第一项规定：架空电力线路保护区：导线边线向外侧水平延伸并垂直于地面所形成的两平行面内的区域，在一般地区各级电压导线的边线延伸距离如下：

1—10千伏　　5米

35—10千伏　　10米

154—330千伏　　15米

500千伏　　20米

《中华人民共和国刑法》第一百一十八条规定：破坏电力设备，危害公共安全，尚未造成严重后果的，处三年以上十年以下有期徒刑。

《中华人民共和国刑法》第一百一十九条规定：破坏电力设备，造成严重后果的，处十年以上有期徒刑、无期徒刑或者死刑。

过失犯前款罪的，处三年以上七年以下有期徒刑；情节较轻的，处三年以下有期徒刑或者拘役。

全国人民代表大会《中华人民共和国治安管理处罚法》第三十三条第一项规定：盗窃、损毁电力电信设施的，处十日以上十五日以下拘留。

中华人民共和国国务院《电力设施保护条例》第二十七条规定：违反本条例规定，危害发电设施、变电设施和电力线路设施的，由电力管理部门责令改正；拒不改正的，处10000元以下的罚款。

安徽省人民代表大会《安徽省电力设施和电能保护条例》第三十六条规定：危害电力设施的，由电力行政主管部门责令改正；造成损失的，按照损失额的5%至10%处以罚款，罚款最高不得超过1万元。

附：致全市吊车、挖掘机、泵车等施工特种车辆司机的一封信

联系电话：95598

××市电力设施和电能保护办公室

国网××供电公司

2.致全市吊车、挖掘机、泵车等施工特种车辆司机的一封信

高压电线危险、注意作业安全！

各施工单位吊车、泵车、桩机、挖掘机、翻斗车驾驶员：

请认真履行国家电力法律、法规，做好电力设施保护工作，保障安全供电和施工人员人身和机械的安全！

一、在电力设施周围或在依法划定的电力设施保护区内进行施工作业，未经批准、未采取可靠的安全措施时可能产生的严重后果：

1.线路对地放电导致造成人身触电伤亡和机械烧毁，高压电力线路离线路安全距离极限范围内无须碰及导线即会放电，特别提醒特种车辆应远离高压线作业。

2.由于施工作业造成线路放电导致电力设施损坏和大面积停电事故，肇事单位或个人将依法承担法律责任；对供电企业及被迫停电企业的损失承担赔偿责任；因电力设施的昂贵和沿线用电单位性质的不确定性，可能产生十分严重的法律后果和巨大的赔偿金额。

二、按照规定，未经批准、严禁在电力设施保护区内进行吊车起吊、混凝土泵车的施工作业、挖掘机开挖地面和鱼塘、打桩或移动桩机等施工作业。

违反规定，未经批准、未采取安全措施，在电力设施周围或在依法划定的电力设施保护区内进行违章施工作业等，造成线路跳闸停电事故，将依法追究违法、违章者相关法律责任。

三、电力线路保护区：

1.架空电力线路保护区：导线边线向外侧水平延伸并垂直于地面所形成的两平行面内的区域，在一般地区各级电压导线的边线延伸距离如下：

1～10千伏　　5米　　　　35～110千伏　　10米

154～330千伏　15米　　　500千伏　　　　20米

在厂矿、城镇等人口密集地区，架空电力线路保护区的区域可略小于上述规定，但各级低压导线边线延伸的距离，不应小于导线边线在最大计算弧垂及最大计算风偏后的水平距离和风偏后距建筑物的安全距离之和。

2.电力电缆线路保护区：地下电缆为电缆线路地面标桩两侧各0.75米所形成的两平行线内的区域；海底电缆一般为线路两侧各2海里（港内为两侧各100米），

江河电缆一般不小于线路两侧各100米（中、小河流一般不小于各50米）所形成的两平行线内的区域。

衷心感谢您对电力设施保护工作的大力支持！

请珍惜生命，保护电力设施安全！

▶▶ 3.案例

大型吊车施工造成输电线路设备故障案例

2014年6月24日10时24分，某施工企业在110kV线路下利用吊车进行燃气管道施工，造成线路跳闸，输电线路导线断股。一名现场工作人员轻微灼伤，留下终身残疾。

5.2 爆破类

▸▸ 1.电力线路周边 禁止开山放炮

电力设施受国家法律保护，禁止任何单位或个人从事危害电力设施的行为。任何单位和个人都有保护电力设施的义务，对危害电力设施的行为，有权制止并向电力管理部门、公安部门报告。

全国人民代表大会《中华人民共和国电力法》第五十二条规定：任何单位和个人不得危害发电设施、变电设施和电力线路设施及其有关辅助设施。

在电力设施周围进行爆破及其他可能危及电力设施安全的作业的，应当按照国务院有关电力设施保护的规定，经批准并采取确保电力设施安全的措施后，方可进行作业。

中华人民共和国国务院《电力设施保护条例》第十二条规定：任何单位或个人在电力设施周围进行爆破作业，必须按照国家有关规定，确保电力设施的安全。

安徽省人民代表大会《安徽省电力设施和电能保护条例》第十二条规定：任何单位和个人需要在电力设施保护区内进行可能危及电力设施安全的作业时，应当经电力行政主管部门批准并采取安全措施后，方可进行作业。

在电力设施周围500米的区域内进行爆破作业的，应当依照中华人民共和国国务院《民用爆炸物品安全管理条例》等有关规定，经爆破作业所在地的市人民政府公安机关批准后实施。

《中华人民共和国刑法》第一百一十八条规定：破坏电力设备，危害公共安全，尚未造成严重后果的，处三年以上十年以下有期徒刑。

《中华人民共和国刑法》第一百一十九条规定：破坏电力设备，造成严重后果的，处十年以上有期徒刑、无期徒刑或者死刑。

过失犯前款罪的，处三年以上七年以下有期徒刑；情节较轻的，处三年以下有期徒刑或者拘役。

全国人民代表大会《中华人民共和国治安管理处罚法》第三十三条第一项规定：盗窃、损毁电力电信设施的，处十日以上十五日以下拘留。

中华人民共和国国务院《电力设施保护条例》第二十七条规定：违反本条例规定，危害发电设施、变电设施和电力线路设施的，由电力管理部门责令改正；拒不改正的，处10000元以下的罚款。

安徽省人民代表大会《安徽省电力设施和电能保护条例》第三十六条规定：危害电力设施的，由电力行政主管部门责令改正；造成损失的，按照损失额的5%至10%处以罚款，罚款最高不得超过1万元。

附：关于在电力设施保护区内进行可能危及电力设施安全的施工作业需要经过行政许可审批的公告。

联系电话：95598

××市电力设施和电能保护办公室

国网××供电公司

▸▸ 2.关于在电力设施保护区内进行可能危及电力设施安全的施工作业需要经过行政许可审批的公告

为贯彻落实《安徽省电力设施和电能保护条例》，根据省经信委《关于进一步规范可能危及电力设施安全的作业许可审批事项的通知》（皖经电力函[2008]619号）的要求，加强全市范围内可能危及电力设施安全作业的监督管理，规范行政审批程序，经研究决定，自2009年11月1日起凡在电力设施保护区内进行可能危及电力设施安全施工作业的，需要经过行政许可审批。现将施工作业许可审批工作的有关事项公告如下：

一、行政许可审批职责和范围

市经信委负责对本行政区域内110千伏及以上输电线路、变电站等电力设施保护区内进行可能危及电力设施安全的作业审批。各县(区)经委负责对35千伏及以下输电线路、变电站等电力设施保护区内进行可能危及电力设施安全的作业审批。任何单位或个人需要在电力设施保护区内进行下列可能危及电力设施安全的作业时，应当经经委批准并采取安全措施后，方可进行作业：

1.在架空电力线路保护区内进行农田水利基本建设工程；

2.在架空电力线路保护区内进行打桩、钻探、开挖等作业；

3.起重机械任何部分进入架空电力线路保护区施工；

4.小于导线距穿越物体之间的安全距离，通过架空电力线路保护区；

5.在电力电缆线路保护区内进行作业；

6.其他可能危及电力设施安全的作业。

二、 行政许可审批程序

1.申请受理：作业申请人根据电力设施等级向具有该线路保护区作业审批权的经信委提交作业许可申请和相关材料。申请材料应包括：申请人（单位或个人）的身份资料、相关部门施工许可文件、施工企业资质、施工方案、施工图纸、拟采取的安全措施方案，并在办理现场填写《可能危及电力设施安全的作业审批表》。

2.勘查审批：经信委自正式受理后，应在20个工作日内完成对相关材料的审查，并视情况赴现场进行勘查。勘查所需时间应告知申请人。

3.作出决定：经信委应自受理之日起20工作日内作出行政许可决定(勘查时间不计算在许可期限之内)。对符合法定条件、标准的颁发电力设施保护区内准予作业行政许可决定书；对不符合法定条件、标准的颁发不予行政许可决定告知书；逾期不作出答复的，视为同意申请。20日内不能作出决定的，经本委主要领导批准后，可以延长10日，并将延长期限理由告知申请人。

三、受理行政审批地点

市及各县、区行政服务大厅经信委办事窗口。

对未经许可擅自施工的单位和个人，本委将根据有关法律、法规对当事人进行行政处罚。

特此公告。

××市经济信息委员会

5.3 防垂钓类

1.高压电力线路及周边 禁止垂钓

电力设施受国家法律保护，禁止任何单位或个人从事危害电力设施的行为。任何单位和个人都有保护电力设施的义务，对危害电力设施的行为，有权制止并向电力管理部门、公安部门报告。

全国人民代表大会《中华人民共和国电力法》第五十二条第一款规定：任何单位和个人不得危害发电设施、变电设施和电力线路设施及其有关辅助设施。

安徽省人民代表大会《安徽省电力设施和电能保护条例》第十一条第六项规定：任何单位和个人不得在电力设施保护区内实施垂钓、放风筝等可能危及电力设施安全的休闲娱乐活动。

《中华人民共和国刑法》第一百一十八条规定：破坏电力设备，危害公共安全，尚未造成严重后果的，处三年以上十年以下有期徒刑。

《中华人民共和国刑法》第一百一十九条规定：破坏电力设备，造成严重后果的，处十年以上有期徒刑、无期徒刑或者死刑。

过失犯前款罪的，处三年以上七年以下有期徒刑；情节较轻的，处三年以下有期徒刑或者拘役。

全国人民代表大会《中华人民共和国治安管理处罚法》第三十三条第一项规定：盗窃、损毁电力电信设施的，处十日以上十五日以下拘留。

中华人民共和国国务院《电力设施保护条例》第二十七条规定：违反本条例规定，危害发电设施、变电设施和电力线路设施的，由电力管理部门责令改正；拒不改正的，处10000元以下的罚款。

安徽省人民代表大会《安徽省电力设施和电能保护条例》第三十六条规定：危害电力设施的，由电力行政主管部门责令改正；造成损失的，按照损失额的5%至10%处以罚款，罚款最高不得超过1万元。

附：致广大钓鱼爱好者的一封公开信

联系电话：95598

××市电力设施和电能保护办公室

国网××供电公司

2.致广大钓鱼爱好者的一封公开信

广大的钓鱼爱好者：你们好！

钓鱼活动是一项有益于身心健康的体育活动，当你静坐在空气新鲜、垂柳依依的河塘边，集中意念，全神贯注地注视着鱼竿尽头水面上面漂浮的鱼浮子。特别是当鱼浮子一沉一浮时，充满了兴奋，用力一挥竿，随之一条活蹦乱跳的鱼儿带着水珠落入鱼篓。

朋友！此时你可曾想到注意保护自己，在你垂钓附近的空中是否有电力线路。你是否知道你所使用的鱼竿是导电的，鱼线遇水后也是导电的。在电力线路附近垂钓，用力一挥竿，随之而来的可能给你的人身安全和你的幸福家庭带来悲剧。同时，也由于你这用力一挥竿而导致电力线路因接地而跳闸，给电力企业和国民经济造成巨大损失。美国、加拿大的大停电您可还记得，就是因为电力设施遭外力破坏而引发的。为此，保护电力设施安全，确保电网安全运行。你也有一份责任，需要你的支持和帮助。近年来，钓鱼引起的触电事故时有发生，给很多钓鱼爱好者和家庭造成无可挽回的损失，也给社会造成了不稳定因素。

广大的钓鱼爱好者朋友们，为了保证你的人身安全和家庭幸福，请你在休闲垂钓时远离高压电力线路。

最后，祝广大的钓鱼爱好者们身体健康！全家幸福！

3.案例

2014年9月14日12时50分，一名在校大学生，到某公司110kV线路附近进行垂钓，由于距高压电力线路较近，造成触电事故。

事故造成这名大学生右手截肢的惨痛教训！

您所使用的鱼竿是导电的，鱼线遇水后也是导电的。当鱼竿或鱼线不能保证一定的安全距离时，将发生人身伤亡事件和设备故障。为了您的家庭幸福和设备安全，请在垂钓时远离高压电力线路！

5.4 防放风筝异物类

▸▸ 1.高压电力线路及周边 禁止放风筝

电力设施受国家法律保护，禁止任何单位或个人从事危害电力设施的行为。任何单位和个人都有保护电力设施的义务，对危害电力设施的行为，有权制止并向电力管理部门、公安部门报告。

全国人民代表大会《中华人民共和国电力法》第五十二条第一款规定：任何单位和个人不得危害发电设施、变电设施和电力线路设施及其有关辅助设施。

中华人民共和国国务院《电力设施保护条例》第十四条规定：任何单位或个人，不得从事下列危害电力线路设施的行为：

（一）向电力线路设施射击；

（二）向导线抛掷物体；

（三）在架空电力线路导线两侧各300米的区域内放风筝。

安徽省人民代表大会《安徽省电力设施和电能保护条例》第十一条第六项规定：任何单位和个人不得在电力设施保护区内实施垂钓、放风筝等可能危及电力设施安全的休闲娱乐活动。

《中华人民共和国刑法》第一百一十八条规定：破坏电力设备，危害公共安全，尚未造成严重后果的，处三年以上十年以下有期徒刑。

《中华人民共和国刑法》第一百一十九条规定：破坏电力设备，造成严重后果的，处十年以上有期徒刑、无期徒刑或者死刑。

过失犯前款罪的，处三年以上七年以下有期徒刑；情节较轻的，处三年以下有期徒刑或者拘役。

全国人民代表大会《中华人民共和国治安管理处罚法》第三十三条第一项规定：盗窃、损毁电力电信设施的，处十日以上十五日以下拘留。

中华人民共和国国务院《电力设施保护条例》第二十七条规定：违反本条例规定，危害发电设施、变电设施和电力线路设施的，由电力管理部门责令改正；拒不改正的，处10000元以下的罚款。

安徽省人民代表大会《安徽省电力设施和电能保护条例》第三十六条规定：危害电力设施的，由电力行政主管部门责令改正；造成损失的，按照损失额的5%至10%处以罚款，罚款最高不得超过1万元。

附：致放风筝爱好者的一封公开信

联系电话：95598

××市电力设施和电能保护办公室

国网××供电公司

2.致放风筝爱好者的一封公开信

广大的风筝爱好者：你们好！

风筝，是中华民族向西方国家传播的科学发明之一。它同我国古代“四大发明”一样，曾为人类的科学事业作出重要贡献。同时，我国开展放风筝活动，是对外文化交流的一种，加强与世界各国人民友谊，发展经济和旅游事业中发挥着重要作用。

每当春季来临之际，放风筝的人们就会渐渐多起来。然而，当您在春风得意之时，您是否意识到：危险就在身边?

据了解，全国每年因放风筝而导致的事故停电和触电时有发生，严重影响了当地经济发展和人民群众生命的安全。《电力设施保护条例》第十四条三款规定："任何单位或个人不得在架空电力线路导线两侧各300米的区域内放风筝"。

然而，在这阳春三月，在美丽的淮河岸边，许多人还在不顾周围电网的安全，随意放风筝；还有许多风筝挂在了正在运行的高压线上。风筝是美丽的，放风筝是健康的，然而，不遵守电力法律、法规，在规定的电力输电线路区域内放风筝，却是违法的。

切记，风筝虽小，惹祸事大。希望放风筝的人们，为了您和他人的人身安全，为了保障工农业生产和居民的正常用电，请您不要在电力输电线路附近300米内放风筝。

祝广大的风筝爱好者身体健康!

5.5 高层抛物类

▶▶ 禁止向电力线路方向抛掷任何物件

电力设施受国家法律保护，禁止任何单位或个人从事危害电力设施的行为。任何单位和个人都有保护电力设施的义务，对危害电力设施的行为，有权制止并向电力管理部门、公安部门报告。

全国人民代表大会《中华人民共和国电力法》第五十二条第一款规定：任何单位和个人不得危害发电设施、变电设施和电力线路设施及其有关辅助设施。

中华人民共和国国务院《电力设施保护条例》第十四条规定：任何单位或个人，不得从事下列危害电力线路设施的行为：

（一）向电力线路设施射击；

（二）向导线抛掷物体。

《中华人民共和国刑法》第一百一十八条规定：破坏电力设备，危害公共安全，尚未造成严重后果的，处三年以上十年以下有期徒刑。

《中华人民共和国刑法》第一百一十九条规定：破坏电力设备，造成严重后果的，处十年以上有期徒刑、无期徒刑或者死刑。

过失犯前款罪的，处三年以上七年以下有期徒刑；情节较轻的，处三年以下有期徒刑或者拘役。

全国人民代表大会《中华人民共和国治安管理处罚法》第三十三条第一项规定：盗窃、损毁电力电信设施的，处十日以上十五日以下拘留。

中华人民共和国国务院《电力设施保护条例》第二十七条规定：违反本条例规定，危害发电设施、变电设施和电力线路设施的，由电力管理部门责令改正；拒不改正的，处10000元以下的罚款。

安徽省人民代表大会《安徽省电力设施和电能保护条例》第三十六条规定：危害电力设施的，由电力行政主管部门责令改正；造成损失的，按照损失额的5%至10%处以罚款，罚款最高不得超过1万元。

联系电话：95598

××市电力设施和电能保护办公室

国网××供电公司

5.6 房障树障类

1.高压电力线路及周边 禁止建筑、植树

电力设施受国家法律保护，禁止任何单位或个人从事危害电力设施的行为。任何单位和个人都有保护电力设施的义务，对危害电力设施的行为，有权制止并向电力管理部门、公安部门报告。

全国人民代表大会《中华人民共和国电力法》第五十二条第一款规定：任何单位和个人不得危害发电设施、变电设施和电力线路设施及其有关辅助设施。

全国人民代表大会《中华人民共和国电力法》第五十三条第二款规定：任何单位和个人不得在依法划定的电力设施保护区内修建可能危及电力设施安全的建筑物、构筑物，不得种植可能危及电力设施安全的植物，不得堆放可能危及电力设施安全的物品。

中华人民共和国国务院《电力设施保护条例》第十条第一项规定：架空电力线路保护区：导线边线向外侧水平延伸并垂直于地面所形成的两平行面内的区域，在一般地区各级电压导线的边线延伸距离如下：

1—10千伏　　5 米

35—10千伏　　10米

154—330千伏　　15米

500千伏　　　　20米

中华人民共和国国务院《电力设施保护条例》第十五条规定：任何单位或个人在架空电力线路保护区内，必须遵守下列规定：

（一）不得兴建建筑物、构筑物；

（二）不得种植可能危及电力设施安全的植物。

《中华人民共和国刑法》第一百一十八条规定：破坏电力设备，危害公共安全，尚未造成严重后果的，处三年以上十年以下有期徒刑。

《中华人民共和国刑法》第一百一十九条规定：破坏电力设备，造成严重后果的，处十年以上有期徒刑、无期徒刑或者死刑。

过失犯前款罪的，处三年以上七年以下有期徒刑；情节较轻的，处三年以下有期徒刑或者拘役。

全国人民代表大会《中华人民共和国治安管理处罚法》第三十三条第一项规定：盗窃、损毁电力电信设施的，处十日以上十五日以下拘留。

中华人民共和国国务院《电力设施保护条例》第二十七条规定：违反本条例规定，危害发电设施、变电设施和电力线路设施的，由电力管理部门责令改正；拒不改正的，处10000元以下的罚款。

安徽省人民代表大会《安徽省电力设施和电能保护条例》第三十六条规定：危害电力设施的，由电力行政主管部门责令改正；造成损失的，按照损失额的5%至10%处以罚款，罚款最高不得超过1万元。

附：致建房、植树的一封信

联系电话：95598

××市电力设施和电能保护办公室

国网××供电公司

▸▸ 2.致建房、植树的一封信

《电力设施保护条例》第四条规定：电力设施受国家法律保护，任何单位和个人都有保护电力设施的义务，对危害电力设施的行为，有权制止并向电力管理部门、公安部门报告。第十五条规定：任何单位或个人在架空线路保护区内，必须遵守“不得兴建建筑物、构筑物，不得种植可能危及电力设施安全的植物”。第十条规定：架空线路保护区，各级电压导线的边线延伸距离为：1～10千伏为5米；35～110千伏为10米；154～330千伏15米；500千伏为20米。也就是说，你们在建房、植树时，一定要考虑电力线路保护区安全区域，在安全区域外可以建房、植树。如果在安全区域内建房、植树，就会造成电力线路对房屋、树木安全距离不够，不仅会影响你们自身人身、财产安全，甚者会引发线路跳闸断电影响工农业生产秩序，同时还会造成他人人身触电伤亡、财产损坏。

电力工业是国民经济的基础性产业，服务各行各业和千家万户，人们对电的需求和依赖程度越来越高。如果没有电，将会直接影响工农业生产秩序和人民群众的正常生活。因此，保护电网安全稳定运行已成为社会经济发展和社会稳定的一件大事。但在现实生活中，一些户主法律法规意识淡薄，在电力设施保护区内违章建房、植树屡禁不止，安全隐患日趋严重。每年因违章建房、违章植树引起的线路停电事故多达数十起，给工农业生产、人民群众的生活用电和电力线路安全稳定运行带来严重危害。

我们不愿看到因在线路保护区内建房发生人身伤亡、财产受损的惨剧。所以，我们呼吁广大人民群众和在线路保护区建房、植树的户主们，为了您和家人的安居乐业，为了您们的生活幸福美满，请不要在线路保护区建房、植树，共同保护电力设施安全稳定运行，为社会经济发展，创建和谐社会做出贡献。

▸▸ 3.案例

大型机械施工造成输电线路故障和人员伤亡

2010年1月23日8时24分，一辆大型灌浆车在110kV线路附近进行违章建房施工，一辆大型灌浆车在进行灌浆时，触及带电线路上，灌浆车在施工作业中大臂触及带电线路上造成线路跳闸。同时造成现场施工人员一死一伤的伤亡惨剧。

现场照片

现场照片

1.高压电力线路及周边 禁止焚烧

电力设施受国家法律保护，禁止任何单位或个人从事危害电力设施的行为。任何单位和个人都有保护电力设施的义务，对危害电力设施的行为，有权制止并向电力管理部门、公安部门报告。

全国人民代表大会《中华人民共和国电力法》第五十二条第一款规定：任何单位和个人不得危害发电设施、变电设施和电力线路设施及其有关辅助设施。

中华人民共和国国务院《电力设施保护条例》第十五条规定：任何单位或个人在架空电力线路保护区内，必须遵守下列规定：

（一）不得堆放谷物、草料、垃圾、矿渣、易燃物、易爆物及其他影响安全供电的物品；

（二）不得烧窑、烧荒。

《中华人民共和国刑法》第一百一十八条规定：破坏电力设备，危害公共安全，尚未造成严重后果的，处三年以上十年以下有期徒刑。

《中华人民共和国刑法》第一百一十九条规定：破坏电力设备，造成严重后果的，处十年以上有期徒刑、无期徒刑或者死刑。

过失犯前款罪的，处三年以上七年以下有期徒刑；情节较轻的，处三年以下有期徒刑或者拘役。

全国人民代表大会《中华人民共和国治安管理处罚法》第三十三条第一项规定：盗窃、损毁电力电信设施的，处十日以上十五日以下拘留。

中华人民共和国国务院《电力设施保护条例》第二十七条规定：违反本条例规定，危害发电设施、变电设施和电力线路设施的，由电力管理部门责令改正；拒不改正的，处10000元以下的罚款。

安徽省人民代表大会《安徽省电力设施和电能保护条例》第三十六条规定：危害电力设施的，由电力行政主管部门责令改正；造成损失的，按照损失额的5%至10%处以罚款，罚款最高不得超过1万元。

附：致广大农民朋友们的一封信

联系电话：95598

××市电力设施和电能保护办公室

国网××供电公司

2.致广大农民朋友们的一封信

——禁止在电力线路附近焚烧秸秆

农民朋友们，在您喜获丰收、分享劳动果实的时候，您是否看到一些在收割过后的田地里，残留着大片秸秆燃烧后发黑的迹象，燃烧产生的浓烟随风蔓延，像大雾笼罩着天空，造成了严重的空气污染和空气能见度很低的状况，影响车辆的正常行驶，容易造成交通事故。同时，焚烧秸秆的火焰也对周围未收割的小麦构成了威胁。近年来，省、市政府多次强调：要求在全省、市范围内实行秸秆全面禁烧，各地、各有关部门要全力做好秸秆禁烧工作。然而，这几年因焚烧秸秆造成附近村镇农民财产受损也比比皆是。据市消防部门统计：我市每年因午收季节焚烧秸秆，造成起火灾几十余起案件，造成直接经济损失数十万元。另外焚烧秸秆造成电力部门输电线路跳闸时有发生，给电力企业、当地企业生产和村民生活造成较大的经济损失。

广大的农民朋友，焚烧秸秆不但污染了环境，而且给人们生活带来了一定影响。同时，秸秆能作多种用途，若能加以利用而不白白的烧掉，就会变废为宝，造福社会。

广大的农民朋友，为了保护环境，为了电力线路安全，同时也为了您和家庭的安全，请不要在电力线路附近焚烧秸秆。

5.8 填埋铺垫、堆放类

▸▸ 禁止填埋铺垫、禁止堆放危险品

电力设施受国家法律保护，禁止任何单位或个人从事危害电力设施的行为。任何单位和个人都有保护电力设施的义务，对危害电力设施的行为，有权制止并向电力管理部门、公安部门报告。

全国人民代表大会《中华人民共和国电力法》第五十二条第一款规定：任何单位和个人不得危害发电设施、变电设施和电力线路设施及其有关辅助设施。

安徽省人民代表大会《安徽省电力设施和电能保护条例》第十一条规定：任何单位和个人不得在电力设施保护区内实施下列行为：

（二）堆放垃圾、矿渣、易燃物、易爆物等可能危及电力设施安全的物品；

（四）导致导线对地距离减少的填埋、铺垫。

中华人民共和国国务院《电力设施保护条例》第十五条规定：任何单位或个人在架空电力线路保护区内，必须遵守下列规定：

（一）不得堆放谷物、草料、垃圾、矿渣、易燃物、易爆物及其他影响安全供电的物品。

中华人民共和国国务院《电力设施保护条例》第十条第一项规定：架空电力线路保护区：导线边线向外侧水平延伸并垂直于地面所形成的两平行面内的区域，在一般地区各级电压导线的边线延伸距离如下：

1—10千伏　　　5米

35—110千伏　　10米

154—330千伏　　15米

500千伏　　　　20米

《中华人民共和国刑法》第一百一十八条规定：破坏电力设备，危害公共安全，尚未造成严重后果的，处三年以上十年以下有期徒刑。

《中华人民共和国刑法》第一百一十九条规定：破坏电力设备，造成严重后果的，处十年以上有期徒刑、无期徒刑或者死刑。

过失犯前款罪的，处三年以上七年以下有期徒刑；情节较轻的，处三年以下有期徒刑或者拘役。

全国人民代表大会《中华人民共和国治安管理处罚法》第三十三条第一项规定：盗窃、损毁电力电信设施的，处十日以上十五日以下拘留。

中华人民共和国国务院《电力设施保护条例》第二十七条规定：违反本条例规定，危害发电设施、变电设施和电力线路设施的，由电力管理部门责令改正；拒不改正的，处10000元以下的罚款。

安徽省人民代表大会《安徽省电力设施和电能保护条例》第三十六条规定：危害电力设施的，由电力行政主管部门责令改正；造成损失的，按照损失额的5%至10%处以罚款，罚款最高不得超过1万元。

联系电话：95598

××市电力设施和电能保护办公室

国网××供电公司

5.9 限高通行类

▸▸ 高压危险 严禁超高超宽通行

电力设施受国家法律保护，禁止任何单位或个人从事危害电力设施的行为。任何单位和个人都有保护电力设施的义务，对危害电力设施的行为，有权制止并向电力管理部门、公安部门报告。

全国人民代表大会《中华人民共和国电力法》第五十二条规定：任何单位和个人不得危害发电设施、变电设施和电力线路设施及其有关辅助设施。

在电力设施周围进行爆破及其他可能危及电力设施安全的作业的，应当按照国务院有关电力设施保护的规定，经批准并采取确保电力设施安全的措施后，方可进行作业。

中华人民共和国国务院《电力设施保护条例》第十七条规定：任何单位或个人必须经县级以上地方电力管理部门批准，并采取安全措施后，方可进行下列作业或活动：

（一）在架空电力线路保护区内进行农田水利基本建设工程及打桩、钻探、开挖等作业；

（二）起重机械的任何部位进入架空电力线路保护区进行施工；

（三）小于导线距穿越物体之间的安全距离，通过架空电力线路保护区；

（四）在电力电缆线路保护区内进行作业。

《中华人民共和国刑法》第一百一十八条规定：破坏电力设备，危害公共安全，尚未造成严重后果的，处三年以上十年以下有期徒刑。

《中华人民共和国刑法》第一百一十九条规定：破坏电力设备，造成严重后果的，处十年以上有期徒刑、无期徒刑或者死刑。

过失犯前款罪的，处三年以上七年以下有期徒刑；情节较轻的，处三年以下有期徒刑或者拘役。

全国人民代表大会《中华人民共和国治安管理处罚法》第三十三条第一项规定：盗窃、损毁电力电信设施的，处十日以上十五日以下拘留。

中华人民共和国国务院《电力设施保护条例》第二十七条规定：违反本条例规定，危害发电设施、变电设施和电力线路设施的，由电力管理部门责令改正；拒不改正的，处10000元以下的罚款。

安徽省人民代表大会《安徽省电力设施和电能保护条例》第三十六条规定：危害电力设施的，由电力行政主管部门责令改正；造成损失的，按照损失额的5%至10%处以罚款，罚款最高不得超过1万元。

联系电话：95598

××市电力设施和电能保护办公室

国网××供电公司

5.10 电力电缆类

▸▸ 下有电力电缆严禁开挖施工

该处地下有高压电力电缆，未经电力行政许可并采取安全防护措施，电力电缆线路通道及周边区域，严禁动土施工、种植树木竹子，杜绝发生人身触电、损害损毁电力设施安全事件。

电力设施受国家法律保护，禁止任何单位或个人从事危害电力设施的行为。任何单位和个人都有保护电力设施的义务，对危害电力设施的行为，有权制止并向电力管理部门、公安部门报告。

全国人民代表大会《中华人民共和国电力法》第五十二条规定：任何单位和个人不得危害发电设施、变电设施和电力线路设施及其有关辅助设施。

在电力设施周围进行爆破及其他可能危及电力设施安全的作业的，应当按照国务院有关电力设施保护的规定，经批准并采取确保电力设施安全的措施后，方可进行作业。

中华人民共和国国务院《电力设施保护条例》第九条第二项规定：电力电缆线路的保护范围为架空、地下、水底电力电缆和电缆联结装置，电缆管道、电缆隧道、电缆沟、电缆桥，电缆井、盖板、人孔、标石、水线标志牌及其有关辅助设施。

全国人民代表大会《中华人民共和国电力法》第五十三条第二款规定：任何单位和个人不得在依法划定的电力设施保护区内修建可能危及电力设施安全的建筑物、构筑物，不得种植可能危及电力设施安全的植物，不得堆放可能危及电力设施安全的物品。

全国人民代表大会《中华人民共和国建筑法》(2011修正)第四十二条规定：有下列情形之一的，建设单位应当按照国家有关规定办理申请批准手续：

（一）需要临时占用规划批准范围以外场地的；

（二）可能损坏道路、管线、电力、邮电通讯等公共设施的；

（三）需要临时停水、停电、中断道路交通的；

（四）需要进行爆破作业的；

（五）法律、法规规定需要办理报批手续的其他情形。

全国人民代表大会《中华人民共和国电力法》第五十四条规定：任何单位和个人需要在依法划定的电力设施保护区内进行可能危及电力设施安全的作业时，应当经电力管理部门批准并采取安全措施后，方可进行作业。

中华人民共和国国务院《电力设施保护条例》第十七条规定：任何单位或个人必须经县级以上地方电力管理部门批准，并采取安全措施后，方可进行下列作业或活动：

（一）在架空电力线路保护区内进行农田水利基本建设工程及打桩、钻探、开挖等作业；

（二）起重机械的任何部位进入架空电力线路保护区进行施工；

（三）小于导线距穿越物体之间的安全距离，通过架空电力线路保护区；

（四）在电力电缆线路保护区内进行作业。

安徽省人民代表大会《安徽省电力设施和电能保护条例》第十二条第一款规定：任何单位和个人需要在电力设施保护区内进行可能危及电力设施安全的作业时，应当经电力行政主管部门批准并采取安全措施后，方可进行作业。

《中华人民共和国刑法》第一百一十八条规定：破坏电力设备，危害公共安全，尚未造成严重后果的，处三年以上十年以下有期徒刑。

《中华人民共和国刑法》第一百一十九条规定：破坏电力设备，造成严重后果的，处十年以上有期徒刑、无期徒刑或者死刑。

过失犯前款罪的，处三年以上七年以下有期徒刑；情节较轻的，处三年以下有期徒刑或者拘役。

全国人民代表大会《中华人民共和国治安管理处罚法》第三十三条第一项规定：盗窃、损毁电力电信设施的，处十日以上十五日以下拘留。

中华人民共和国国务院《电力设施保护条例》第二十七条规定：违反本条例规定，危害发电设施、变电设施和电力线路设施的，由电力管理部门责令改正；拒不改正的，处10000元以下的罚款。

安徽省人民代表大会《安徽省电力设施和电能保护条例》第三十六条规定：危害电力设施的，由电力行政主管部门责令改正；造成损失的，按照损失额的5%至10%处以罚款，罚款最高不得超过1万元。

联系电话：95598

××市电力设施和电能保护办公室

国网××供电公司